BEI GRIN MACHT SICH IHR WISSEN BEZAHLT

Jonas Stecher

Die Macht der Konzerne. Der wirtschaftliche und politische Einfluss von Großunternehmen

GRIN Verlag

Bibliografische Information der Deutschen Nationalbibliothek:

Die Deutsche Bibliothek verzeichnet diese Publikation in der Deutschen National-
bibliografie; detaillierte bibliografische Daten sind im Internet über http://dnb.d-
nb.de/ abrufbar.

Impressum:

Copyright © 2004 GRIN Verlag GmbH
Druck und Bindung: Books on Demand GmbH, Norderstedt Germany
ISBN: 978-3-656-69786-2

Dieses Buch bei GRIN:

http://www.grin.com/de/e-book/275219/die-macht-der-konzerne-der-wirtschaftliche-
und-politische-einfluss-von

DIE MACHT DER KONZERNE

SEMINARARBEIT

**SEMINAR ZUR WIRTSCHAFTSKUNDE /
WIRTSCHAFTSGEOGRAPHIE**

SOMMERSEMESTER 2014

Erstellt von
Jonas Stecher

LEOPOLD-FRANZENS-UNIVERSITÄT INNSBRUCK

FAKULTÄT FÜR GEO- UND ATMOSPHÄRENWISSENSCHAFTEN
INSTITUT FÜR GEOGRAPHIE

Innsbruck, Juni 2014

Inhaltsverzeichnis

1   Einleitung

Wirtschaft und Politik wird Großteils von einigen wenigen sehr großen Unternehmen, Konzernen gelenkt und beeinflusst. Sie bestimmen neben wirtschaftlichen Faktoren wie Warenangebot und Preis von Produkten auch das Leben und das Verhalten der meisten Menschen und viele politische Entscheidungen in einem Staat, wobei deren Mittel wie Spionage, Korruption, Datenfälschungen bis hin zu organisierter Kriminalität oftmals bereits jenseits der Grenze der Legalität liegen.

(Rammer, et al., 2005, p. 2)

Neben der Frage ob eine derartige Machtverteilung legitim ist, stellt sich auch jene wie sie zu Stande kommt und ob bzw. wie sich der Widerstand dagegen manifestiert. Wäre es im Gegensatz überhaupt denkbar, Konzerne zu eliminieren oder kann doch nicht auf sie verzichtet werden? In der vorliegenden Arbeit wird im Folgenden auf derartige Fragestellung vertieft eingegangen.

1.1   Entstehung von Großunternehmen und Konzernen

Die Entstehung von Großunternehmen und das damit verbundene erreichen einer Machtposition ist ein Phänomen, das weder neu, noch zufällig ist. Stattdessen verläuft es nach einem üblichen Muster: In der kapitalistischen Wirtschaft streben die meisten Unternehmen durch die geeignete Strategie mit dem Ziel der Gewinnmaximierung nach Wachstum, wobei dies einigen besser, anderen weniger gut gelingt. Größere Unternehmen erlangen dauerhafte Vorteile gegenüber den Kleineren, wodurch sie weiter expandieren können (siehe Abbildung 1). Die Größe von Unternehmen verschafft als nächstes durch Monopolstellungen und die stärkere Finanzkraft eine gewisse Marktmacht. Diese kann durch die geschickte Beeinflussung von Staat und Politik, sogenanntes Lobbying sogar zu einer politischen Macht ausgebaut werden, wodurch den großen internationalen Konzernen dann ganz neue Möglichkeiten eröffnet werden.

(Rammer, et al., 2005, p. 2),(Bathelt & Glückler, 2012, p. 280)

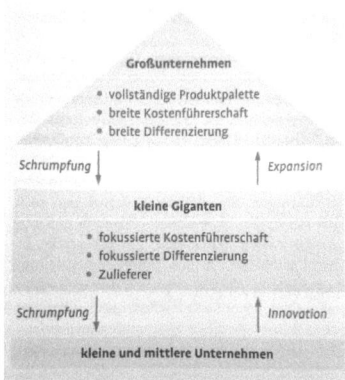

Abbildung 1: Entstehung Rückbildung von Großunternehmen
(Bathelt & Glückler, 2012, p. 286)

Als frühes Beispiel wird oftmals der Augsburger Konzern der Fugger im 15. Jahrhundert. Der geschickte Kaufmann Jakob Fugger schaffte durch den Aufkauf von Bergwerken den Aufbau eines Kupfermonopols. Durch die Vergabe von Krediten an Landherrn und Kaiser und die Beteiligung am vatikanischen Ablasshandel erlangten die Fugger bedeutenden Einfluss in Europa. Schlussendlich übernahmen sie sogar politische Funktionen. (Focus Online, 2009)

1.2   Formen von Konzernen

Konzerne sind also Organisationen oder Gruppen von Großunternehmen, die im Markt eine beherrschende Stellung erreicht haben. Sie sind durch komplexe Beziehungs- und Kapitalverflechtungen verbunden.

Es gibt hinsichtlich der Strategie verschiedene Formen von Konzernen:

- **Horizontale Integration**:
  Es werden neue Märkte erschlossen, indem Unternehmen aufgekauft werden, welche in denselben oder in ähnlichen Märkten tätig sind. Dadurch wird der Konzern größer und schaltet Konkurrenten aus. Vor allem Autohersteller gehören zu diesem Typ.

- **Vertikale Integration**:
  Bei dieser Strategie schließen sich Unternehmen zusammen, die zueinander Lieferanten bzw. Abnehmer sind. Im Extremfall übernimmt der Konzern alle

Schritte von der Rohstoffgewinnung bis zum konsumfertigen Produkt. Dadurch werden durch die günstigere Produktion die Konkurrenten verdrängt.

- **Differenzierung**:
Hier versucht das Unternehmen durch besondere Qualitäts- und Imagemerkmale sich von der Konkurrenz abzuheben und so eine monopolähnliche Stellung zu erlangen.

- **Diversifikation**:
Ziel dieser Strategie ist die Erweiterung des Marktbereiches durch Erweiterung der Produktpallette bzw. des erschlossenen Raumes (siehe Kasten 1).

- **Wettbewerbsorientierte Strategie**:
Großunternehmen versuchen durch niedrige Lohn- und Steuerniveaus sowie Massenproduktion die Stückkosten unter dem der Konkurrenten zu senken. Dadurch wird vor allem eine Markteintrittsbarriere gegenüber aufkeimenden Konkurrenten geschaffen und damit die Oligopolstellung (siehe Absatz 2.1) gesichert.

Mittlere Unternehmen dagegen versuchen durch Kooperation eine gemeinsame Wertschöpfungskette aufzubauen um dadurch gegenüber Großunternehmen Konkurrenzfähig zu bleiben.

(Bathelt & Glückler, 2012, p. 281 ff)

Nestlé Waters erwartet "Kampf der Giganten"

Als globaler Player im Bereich der abgepackten Wässer reklamiert Nestlé Waters inzwischen weltweit einen Marktanteil von 17 Prozent und sieht seine Führungsposition damit weiter verstärkt. In Europa liegt der Anteil bei 18 Prozent, in Nordamerika bei 31,9 Prozent. Auf Europa und Nordamerika entfallen bei Nestlé Waters zusammen zwei Drittel des weltweit erzielten Ertrags. Insgesamt zählt die Gruppe heute 77 lokale, regionale und internationale Marken. Die Weltmarke Nestlé Pure Life sowie das in Europa vertriebene Nestlé Aquarel rangieren noch im mittleren bzw. unteren Feld, entwickelten sich aber "zu echten Wachstumsmotoren für die Zukunft".

Angebotsbreite, Reaktionsschnelligkeit, Innovationskraft, effiziente Produktions- und Vertriebsstrukturen und schneller Ausbau der Aktivitäten im Bereich der Water-Cooler seien Waffen, mit denen sich Nestlé Waters auch für die Coca-Cola-Herausforderung durch Dasani gewappnet sieht.

Kasten 1: Lebensmittel Zeitung 12 vom 19.03.2004 S. 18

1.3   Konzerntypische Branchen

Konzerne übernehmen typischerweise Branchen, die für kleinere Unternehmen uner-
reichbar bleiben, weil sie hinsichtlich der Konkurrenzfähigkeit deutlich unterlegen
sind, sie nicht über das notwendige Kapital für Investitionen (Forschung, Produkti-
onsanlagen, Börse) verfügen und ihnen die hierfür notwendigen Vernetzungen und
Beziehungen politische Einflüsse fehlen (Konzessionen und Förderrechte).

Solche Branchen sind vor allem:

- Energie:
  Vor allem Erdölförderung und Raffinieren (z.B. Exxon Mobil, BP) aber auch
  der Betrieb von Elektrizitätswerken wie beispielsweise Wasserkraftanlagen
  (z.B. Tiroler Wasserkraft AG, Montecattini / Montedison).
- Elektronik, Telekommunikation:
  Große Konzerne können in Innovation und Netzausbau investieren, Compu-
  terprogramme entwickel und zu monopolähnlichen Stellungen gelangen (z.B.
  Samsung, Apple, Microsoft, Telekom)
- Transportmittel, Maschinenbau:
  Automobilindustrie (z.B. General Motors, DaimlerChrysler), öffentliche Ver-
  kehrsmittel (z.B. ÖBB, Boeing / Airbus), Raumfahrt.
- Pharmazeutik und Kosmetik (z.B. Bayer)
- Bauwirtschaft:
  Ausführung und Planung von großen internationalen Bauprojekten (Tunnel-
  bau, Wasserkraft, Infrastruktur) kann nur von sehr großen Unternehmen aus-
  geführt werden. (z.B. Porr, Strabag, Svietelsky)
- Landwirtschaft und Lebensmittel:
  Züchtung neuer, rechtlich geschützter Sorten, Gentechnik, Produktion von
  Dünge- und Pflanzenschutzmittel (z.B. Monsanto), Aufbau internationaler Le-
  bensmittelmarken Kontrolle über das Trinkwasser (z.B. Nestle).
- Banken und Versicherungen:
  Sehr große Finanzkonzerne (z.B. Allianz) haben anhand des hohen Kapitals
  die Möglichkeit, große Kredite zu vergeben und das Risiko in der Versiche-
  rungsbranche zu übernehmen.

(Rammer, et al., 2005, p. 5)

2   Wirtschaftliche Konzernmacht

Größer werdende Unternehmen versuchen zunächst, ihre Macht im Bereich der Wirtschaft auszubauen. Einerseits üben sie macht auf Wirtschaftsunternehmen, andererseits aber auch auf das Leben der Menschen aus, indem sie Konsumentenverhalten beeinflussen und Arbeitskräfte ausnutzen.

2.1   Konzernmacht gegenüber Unternehmen

Die meisten Konzerne bauen eine horizontale Marktmacht auf (siehe Abschnitt 1.2). Dabei werden Konkurrenten behindert, die ähnliche Produkte oder Dienstleistungen herstellen. Typische Formen hierfür sind folgende:

- Monopol (ein einziger Anbieter)

  Obwohl Monopole unerwünscht sind, lassen sie sich doch nicht vermeiden. Der alleinige Zugang zu seltenen Rohstoffen kann beispielsweise einem Konzern die Monopolstellung ermöglichen. Hohe Investitionen zum richtigen Zeitpunkt sowie bedeutende Innovationen und Patente können die Möglichkeiten für die zukünftige Konkurrenz blockieren.

- Kartelle (Preisabsprache unter mehreren Anbietern)

  Die Preisabsprache innerhalb mehrerer Unternehmen bringt gesteigerte Gewinnspannen, ist aber in der Regel gesetzlich verboten und wird vom Kartellamt überprüft. Allerdings ist es schwierig selbst nahezu offensichtliche Preisabsprache nachzuweisen.

- Oligopol (weinige, sich kaum konkurrierende Anbieter)

  In einem Oligopol herrscht zwischen den wenigen Anbietern kaum Konkurrenz, wodurch der Effekte ähnlich dem des Monopols ist. Durch Übernahme und Fusionen sowie Ausschalten der kleineren Konkurrenz verbleiben oftmals nur wenige sehr große Konzerne. Ein Unternehmen gibt dabei einen erhöhten Preis vor, während alle anderen diesen akzeptieren und somit profitieren. Ein typisches Beispiel dafür ist der Erdölmarkt.

- Monopsom (ein einziger Abnehmer)

  Ein Typisches Beispiel ist der Staat als Abnehmer von militärischen Waffen, da deren Gebrauch für alle anderen verboten ist. Derartige Abhängigkeiten entstehen aber auch in der Computerbranche (Software – Hardware)

(Bathelt & Glückler, 2012, p. 301), (Rammer, et al., 2005, p. 10 f)

Bei der Vertikalen Marktmacht nutzen große Konzerne ebenfalls ihre Monopsomstellung gegenüber ihren Lieferanten aus. Da Konzerne oftmals die einzigen Nachfrager von Vorleistungen sind, können sie dessen Preise drücken. Beispielsweise sind Produzenten von Auto- und Maschinenteilen auf die Nachfrage der großen Autokonzerne angewiesen.

(Bathelt & Glückler, 2012, p. 301), (Rammer, et al., 2005, p. 11)

Große Konzerne haben also in der Marktwirtschaft Mittel und Möglichkeiten, die kleineren Unternehmen vorenthalten bleiben. Sie können also eine dominante Position einnehmen, an der sie ihre Vorteile ausspielen können.

2.2 Konzernmacht gegenüber der Bevölkerung

Während kleinere Produzenten versuchen, das Konsumverhalten der Bevölkerung möglich gut zu befriedigen, können große Konzerne das Konsumverhalten zu ihren Gunsten beeinflussen. Da sie den Großteil der Konsumgüter herstellen können sie diktieren, was vorwiegend konsumiert wird. Durch geschicktes Marketing und Werbung werden dem Konsumenten eine gewisse Notwendigkeiten und Qualitätsmerkmale der Produkte suggeriert und dessen Konsumverhalten massiv beeinflusst (siehe Kasten 2). Tatsächlich steigt durch die Werbekosten lediglich der Preis und nicht die Qualität.

Happy-Meal als Einstiegsdroge

Kinder, Kalorien und perfektes Marketing: Der Fast-Food-Laden McDonald's schafft, wovon andere träumen. Seine Produkte sind als unvergleichliches Geschmacks-Erlebnis in den Kundenköpfen verankert. Die WDR-Dokumentar-Filmer [...] haben Produkte und Firmenpolitik des multinationalen Konzerns untersucht. Mit vernichtendem Ergebnis.

Ernährung als große Spaßveranstaltung, Essen als Gesamterlebnis und ein einzigartiger Geschmack als Markenversprechen: McDonald's ist der unangefochtene Gigant der Fastfood-Industrie und schafft es, allein in Deutschland täglich 2,7 Millionen Kunden in die Filialen zu locken.

Obwohl sich die Mehrzahl der Konsumenten darüber im Klaren ist, dass die Produkte weder gesund noch außerordentlich günstig sind, sind die Restaurants stets voll. BigMac und Pommes gehen anscheinend immer. Das Food-Marketing hat das nahezu Unmögliche geschafft: ungesunde Produkte und uniformer Geschmack sind als ultimatives Erlebnis in den Köpfen verankert. Knapp 1400 Filialen mit drei Milliarden Euro Umsatz alleine in Deutschland sprechen eine deutliche Sprache.

In vier Kategorien haben die WDR-Dokumentar-Filmer Jochen Taßler und Jochen Leufgens nun [die Qualität von] McDonald's überprüft. Das Ergebnis ist vernichtend. Geschmack? Enttäuschend. Verführung? Raffiniert. Bekömmlichkeit? Gering. Fairness? Unzureichend.

Kasten 2: Süddeutsche Zeitung, 16. Januar 2012
(http://www.sueddeutsche.de/medien/mcdonalds-doku-in-der-ard-happy-meal-als-einstiegsdroge-1.1259001)

Große Konzerne beeinflussen außerdem die Arbeitswelt und den Arbeitsmarkt, da sie eine Vielzahl an Arbeitsplätzen schaffen. Großen Konzernen kann es dabei auch gelingen, die Wirkung von Gewerkschaften einzuschränken. Durch die starke Fokussierung auf die Gewinnmaximierung wird großer Wert auf die Arbeitsproduktivität - also die geleistete Arbeit pro bezahlte Arbeitsstunde - gelegt. Daher werden sehr gut ausgebildete Arbeitskräfte mit viel Erfahrung Verhältnismäßig gut bezahlt und durch Headhunting auch von kleineren Unternehmen abgezogen (siehe Kasten 3). Dagegen ist die Bereitschaft, unerfahrenes Personal einzustellen oder langjährig loyale aber weniger produktive Mitarbeiter weiterhin zu beschäftigen eher gering. (Sommer, 2012)

Konzern ohne Verantwortung

In seiner 6. Jahresausgabe berichtete der Spiegel über IBM-Pläne, die jedem Soziologen die Sorgenfalten ins Gesicht treiben dürften. Der Software-Konzern will den Großteil seiner Beschäftigten in eine Talent Cloud auslagern. Nur noch eine Kern-Führungsmannschaft bleibt angestellt. Die anderen müssen sich über virtuelle Plattformen immer wieder neu bewerben. Ob sie den Zuschlag für weitere Mitarbeiten erhalten, entscheidet sich an ihren laufenden Bewertungen. Kein Eintrag geht hier jemals verloren. Wer seine Chancen verbessern will, dem bleibt nur noch das Aufbessern seines Punktekontos durch Weiterbildungen selbstverständlich auf eigene Kosten.

Für das Gros der Mitarbeiter wäre dies eine Katastrophe, aber nicht nur für sie. Die Dummen sind auch die mittelständischen Betriebe. Denn wer wird die Leute ausbilden? Vermutlich läuft es wie in der Bundesliga: Die Kleinen ziehen die Talente heran und die Großen kaufen sie für teures Geld weg. Will der Mittelstand nicht den Kürzeren ziehen, muss er sich verteidigen. Doch wie? Mit kreativen Gegenmodellen, die das Verwurzeltsein im Unternehmen fördern und trotzdem flexibel machen. So könnten KMU gegenseitig Mitarbeiter verleihen, ohne den Arbeitsvertrag zu lösen. Sie könnten Pools für die Weiterbildung schaffen, um treue Fachkräfte zu belohnen. Warum nicht auch Trainee-Programme über mehrere KMU hinweg? Variable Mitarbeiterbeteiligungen, die sich bei einem Arbeitgeberwechsel übertragen lassen, könnten die Leute begeistern. Solche Modelle zu entwickeln, wird die Aufgabe der Interessenvertretungen und Verbände sein. Der Kreativität sind keine Grenzen gesetzt. Wichtig ist nur: Der Mittelstand sollte das Thema ernst nehmen und eine breite Diskussion lostreten, um sich zu wehren. Nicht zuletzt geht es auch um den sozialen Frieden.

Olaf Stauß

Kasten 3: Industrieanzeiger, Heft 6, 2012, S. 3

Gut organisierte Streiks stellen für große Unternehmen allerdings ein großes Verlustpotential dar, was sie wesentlich verwundbarer macht.

(Rammer, et al., 2005, p. 13)

3   Politische Konzernmacht

Große Unternehmen, vor allem multinationale Konzerne versuchen, ihre Macht vom Bereich der Wirtschaft auf den Bereich der Politik auszudehnen. Im Gegensatz zu Staatsbürgern oder kleinen Wirtschaftsbetrieben sind derartige Konzerne tatsächlich in der Lage, politische Entscheidungen zu ihren Gunsten zu beeinflussen, wobei auch gegen die Meinung der Bevölkerung agiert wird. Zunächst wird durch gezieltes Lobbying versucht, die öffentliche Meinung in Richtung Konzerninteressen zu beeinflussen. Mittel hierfür sind Initiativen, Werbung, Imageaufbesserung sowie Studien und Förderungen von Forschungseinrichtungen. Konzerne argumentieren auch mit ihren hohen Beschäftigungszahlen und dem Schaffen von Arbeitsplätzen. Die große Zahl an Arbeitsplätzen kann daher auch als Druckmittel eingesetzt werden, indem mit Entlassungen und Standortschließungen gedroht wird.

(Rammer, et al., 2005, p. 15 f)

Es ist allerdings auch nicht unüblich, dass Konzerne und Politiker eng zusammen. Es kommt vor, dass Konzern-Führungskräfte in die Politik aufsteigen. In diesem Fall können sie - soweit es ihnen möglich ist - für den Konzern einstehen und ihm die Wege ebnen. Umgekehrt kann der Konzern amtierenden Politikern eine Führungsposition nach der politischen Karriere versprechen. Dies führt dazu, dass die Konzerninteressen von Politikern vertreten werden. Diese nicht immer offensichtlichen Beziehungen und die damit verbunden Aktionen liegen bereits am Rande der Legalität.

(Rammer, et al., 2005, p. 15 f)

Neben diesen Mitteln kommen aber auch elndeutige illegale zum Einsatz. Hierbei handelt es sich oft um sehr enge und komplexe Verflechtungen zwischen Politik und Konzern wodurch der Transfer von Insiderwissen aber auch Korruption und Erpressung nicht unüblich ist. Derartige „krumme" Geschäfte bleiben der Öffentlichkeit in der Regel verborgen. Als Extrembeispiel kann hierfür die italienische Mafia angesehen werden (siehe Kasten 4). Diese verbrecherische Institution stellt im rechtlichen Sinne zwar kein Unternehmen dar. Allerdings erwirtschaftet sie mehr als andere Unternehmen Italiens und nimmt wie andere Großunternehmen massiven Einfluss auf Bevölkerung und Staat. Daher kann die Mafia als hochorganisierter „Verbrecher-Konzern" angesehen werden.

(Institut der deutschen Wirtschaft Köln, 2010).

Der Mafia-Konzern

Mit einem geschätzten Jahresumsatz von rund 90 Milliarden Euro sind die italienischen Mafiaorganisationen zusammengenommen das größte Unternehmen des Landes. Das jedenfalls ist das Ergebnis einer Studie des Einzelhandelsverbandes Confesercenti in Zusammenarbeit mit Mafiaexperten von Polizei und Justiz.

Danach erwirtschaftet die Mafia in Italien jährlich sieben Prozent des Bruttoinlandsprodukts. Zu den Haupteinnahmequellen der Kriminellen zählen vor allem Wucherzinsen und Schutzgelderpressungen, aber auch Schmuggelgeschäfte und der Handel mit gefälschten Markenartikeln. Bei der imposanten Rechnung fehlt sogar noch ein Teil: Die Einnahmen aus dem Drogenhandel, der immer noch den lukrativsten Geschäftszweig der Organisierten Kriminalität darstellen dürfte, wurden nicht erfasst.

Dem Einzelhandelsverband zufolge sind in Italien schätzungsweise 160.000 Kaufleute regelmäßig das Opfer von Schutzgeldpressern. In den Schutzgeldhochburgen Neapel und Palermo müssten Boutiquen rund 1000 Euro, Supermärkte etwa 5000 Euro und Großbaustellen bis zu 10.000 Euro im Monat an die Mafia entrichten.

Durch die Abkassiererei, die in der Szene auch »Mafiasteuer« genannt wird, verdienten die Paten jedes Jahr rund zehn Milliarden Euro. Etwa dreimal höher als die Einnahmen aus der Schutzgelderpressung sind die aus dem Zinswucher. Auch hier seien besonders Kaufleute betroffen. Der ökonomische Druck habe bereits zur Schließung von mehreren Zehntausend Geschäften geführt.

Die Mafia diktiere zudem die Preise im Obst- und Gemüsegroßhandel Süditaliens. Es sei besorgniserregend, so der Verband, dass nur die wenigsten Opfer den Mut zu einer Strafanzeige hätten. (BSCH)

Kasten 4: Die Zeit 25. Oktober 2007 (www.zeit.de)

Besonders in Entwicklungsländern können Konzerne ihre politische Dominanz ausspielen. Konkurrenzschwache oder Rohstoffreiche Standorte können hier leichter erschlossen werden, weil von wirtschaftlich retardierten Ländern oftmals in Konzernen Chancen in der Arbeitsplatzbeschaffung, dem Aufbau von Technologie und Steigerung der Produktion gesehen werden.

(Rammer, et al., 2005, p. 16)

4   Widerstand gegen die Macht von Konzernen

Die Nachteile von großen Wirtschaftskonzentrationen zeigen sich neben der erhöhten Preisen vor allem in der Beeinträchtigung der Demokratie. Die Tatsache, dass Konzerne können ihre Interessen gegen den Willen der Bevölkerung durchsetzen können und damit die Profitmaximierung vor dem Gemeinwohl gestellt wird, wird von vielen Menschen als inkorrekt und unfair empfunden.

Konzerne können in den meisten Fällen nicht tun was sie wollen. Durch das Kartellrecht und die Kartellbehörde wird versucht, zu große Zusammenschlüsse in Grenzen zu halten. Beispielsweise hat die EU-Kommission gegen die Marktgiganten Microsoft und Intel hohe Strafen verhängt, weil sie ihre Wettbewerber mit unlauteren Mitteln behindert haben. (Institut der deutschen Wirtschaft Köln, 2010)

Über verschiedene Regulierungen können ebenfalls die Effekte von großer Marktmacht abgeschwächt werden. Zu diesen Maßnahmen wird vor allem dann gegriffen, wenn soziale und ökologische Folgen zu befürchten sind. Konzerne können Mehrkosten durch Auflagen in Arbeits- und Umweltschutz besser verkraften als kleinere Unternehmen. (Rammer, et al., 2005, p. 18)

Gut organisierte Gewerkschaften können mit Konzernen in der Regel relativ günstige Arbeitsbedingungen wie Löhne, Sozialversicherung und Zusatzleistungen aushandeln. Konzernführungen versuchen nämlich länger andauernde Streiks aufgrund der damit verbundenen finanziellen Verluste zu vermeiden. Allerdings sind die Belegschaften und die Gewerkschaften von Konzernen natürlich genauso wie die Konzernführung sowohl am Fortbestand als auch der dominierenden Stellung und hohen Gewinnen interessiert, wodurch sich ihre Anliegen von jenen der Bevölkerung grundlegend unterscheiden können. (Rammer, et al., 2005, p. 18)

Vor allem gegen das ausbeuterische Wirken von Konzerne in Entwicklungsländern manifestiert sich mehr und mehr Widerstand von unten, also von der Bevölkerung und Initiativen aus den Industrieländern. Der Widerstand richtet sich vor allem gegen Umweltvergehen und Raubbau sowie der Ausbeutung von Menschen, Privatisierungen, Untergrabung der Demokratischen Prinzipien und Korruption. (Rammer, et al., 2005, p. 18)

In der heutigen Welt der Medien, vor allem durch das Internet werden aufgedeckte Skandale schneller publik. Durch einen möglichen irreversiblen Imageschaden, der schnell in der Erfolgsrechnung zu Buche schlagen kann sind an dieser Stelle vor allem Marken-Unternehmen leicht angreifbar. Durch das (nicht zuletzt durch den Geographie-Unterricht ☺) gesteigerte Bewusstsein und Verantwortungsgefühl von Konsumenten können diese selbst die globalen Konzerne mit Kaufenthaltung bestrafen. Firmen sind bekanntermaßen nur dann erfolgreich, wenn sie das anbieten, was die Verbraucher nachfragen.

(Institut der deutschen Wirtschaft Köln, 2010)

Gerade deshalb sind allerdings aber beispielsweise die Vorwürfe der „Amerikanisierung" und des Kulturverlustes gegen Coca-Cola, McDonalds, Hollywood und Co. wenig wirksam, denn dafür müssten Wünsche und Bedürfnisse anderer Menschen (also der Konsumenten) verurteil werden.

5 Positive Bedeutung und Schwierigkeiten aus Sicht von Konzernen

5.1 Vorteile von Großkonzernen

Dass die Konzentration von wirtschaftlicher Macht für das Unternehmen selbst ein Vorteil ist, steht außer Frage. Tatsächlich haben aber Großunternehmen und multinationale Konzerne auch für den Staat und die Gesellschaft einige Vorteile zu bieten und können sich positiv auf die Volkswirtschaft auswirken.

Konzerne weisen eine höhere Produktion und Stückzahl und damit eine höhere Effizienz auf als kleinere Unternehmen. Damit können sie höhere Löhne zahlen und heben damit das Lohnniveau der gesamten Wirtschaft in einem Wirtschaftsraum an. Zudem werden aber auch die Produkte für den Konsumenten preisgünstiger. So wären beispielsweise bei geringeren Stückzahlen Autos, Elektro- und Elektronikgeräte für den einzelnen nicht erschwinglich.

Konzerne investieren viel in Forschung und Entwicklung, was sich kleinere Betriebe nicht leisten könnten. Bessere Produktionsverfahren leisten einen Beitrag zu Umwelt- und Arbeitsschutz. Technologische Innovationen realisieren den Fortschritt moderner

Industrieländer und ermöglichen den hohen Lebensstandard (siehe Kasten 5). Transnationale Konzerne streben nach Standardisierung. Die europa- und weltweiten Industrie- und Baunormen erleichtern die Zusammenarbeit und die einheitliche Verwendung von Produkten. Nur so ist es möglich, Systeme jeglicher Art weltweit kompatibel zu machen.

(Rammer, et al., 2005, p. Arbeitsblatt 6)

„Wir brauchen mehr globale Konzerne"

Die Transformation der Realwirtschaft in die digitale Welt bringt viele Herausforderungen mit sich, eröffnet aber auch Chancen. Der Markt für mobile Geräte wird weiter boomen, der Bedarf an neuen Geschäftsmodellen und digitalen Business-Plattformen steigen. Das ist ein riesiger Wachstumsmarkt, den deutsche IT-Unternehmen nicht verschlafen dürfen.

[...] Ein wichtiger Erfolgsfaktor ist die Frage, ob es jungen Unternehmen gelingt, ihre Geschäftsmodelle auch international auszurollen. Hier müssen wir ansetzen. Eine Förderung muss über die Gründungsphase hinausgehen und Startups auf den ersten Wachstumsstufen und bei der internationalen Expansion begleiten. [...]

Kasten 5: GFT-Vorstandschef Ulrich Dietz im Interview; Computerwoche, 05.12.2011, Nr. 49

Hinzu kommt die Tatsache, dass bestimmte Leistungen überhaupt nur von sehr großen Unternehmen durchgeführt werden können (siehe 1.3). Große Bauprojekte mit speziellen hochtechnologischen und aufwändigen Verfahren wie beispielsweise der Tunnelbau oder der Bau von Wasserkraftanlagen kann nur von großen Baukonzernen übernommen werden. Ebenso verhält es sich bei der Errichtung und den Betrieb von Anlagensystemen und Infrastrukturnetzen wie beispielsweise die Erdölförderung, Elektrizitätsversorgung, Bahn- und U-bahnliniennetze und Telekommunikationsnetze. Hierfür wären höchstens staatliche Unternehmen als Alternative denkbar, die dann allerdings auch die üblichen Nachteile der Planwirtschaft mit sich ziehen würde. Damit würde das Streben nach Konkurrenzfähigkeit, Effizienz, Innovation und Weiterentwicklung schwinden.

5.2   Schwierigkeiten für Konzerne

Obwohl sich große Konzerne gegenüber kleineren Unternehmen Marktvorteile erarbeitet haben ist dies weder ein Garant für weiteres Wachstum noch für den sicheren Weiterbestand. Vielmehr können Konzerne durch Fehlspekulationen, steigenden Produktionskosten, zu langsames Reagieren auf Veränderungen und Erschöpfung des Marktes und das Aufkeimen junger, dynamischer Unternehmen schnell in Schwierigkeiten geraten, die letztendlich bis zum Konkurs führen können. Da Konzerne auch bestimmte Vorteile haben (siehe Absatz 5.1) können Schwierigkeiten für Großunternehmen auch weitreichendere Folgen haben.

Der Elektrogeräte-Hersteller Siemens AG, einer der ältesten und größten Konzerne Europas wird hier als Beispiel angeführt. Trotz der globalen Dominanz reagierte Siemens auf neue Trends zu schwerfällig. So misslangen der Wechsel von drahtgebundener Telefonie zur Mobilfunktelefonie sowie der Übergang von Atomkraftwerken zu regenerativer Energieproduktion. Ebenso hinkte man den Modetrends stets hinterher und war damit „cooleren" und besser spezialisierten Marken unterlegen. Zudem verlor der Konzern im Zuge der Privatisierung vieler staatsnaher Geschäftsfelder die staatlichen Aufträge. (Rammer, et al., 2005, p. Arbeitsblatt 10)

Ähnlich ging es Konzernen der deutschen Stahlindustrie: Die Firma Mannesmann, einst Patentträger für nahtlose Stahlrohre degradierte durch die Stahlkrise und wurde letztendlich vom Telekommunikationsunternehmen Vodafone aufgekauft. (Rammer, et al., 2005, p. Arbeitsblatt 10)

Der Automobilhersteller Opel wurde vom amerikanischen Konzern General Motors aufgekauft, der ab der Mitte der 1980er Jahre in Schwierigkeiten kam. Qualitätsprobleme und die Finanzkrise drängten das Unternehmen ab 2008 an den Rand der Existenz. Da nun viele Arbeitsplätze auf dem Spiel standen, kam eine staatliche Finanzierung zur Rettung des Konzerns zur Diskussion (siehe Kasten 6).

(Foucs Online Money, 2008)

Darf man Opel sterben lassen?

Ohne staatliche Hilfe sieht es finster aus für Opel. Der Biedermann der deutschen Autohersteller bangt um seine Existenz. Lohnt eine Rettung? Oder sollte der Staat den Markt entscheiden lassen? Die wichtigsten Antworten.

Es ist nicht lange her, da diskutierte man in Deutschland noch den Abbau von Subventionen. Dann kam die Finanzkrise – und plötzlich ist alles anders. „Weniger Staat" ist in Zeiten der Rezession nicht mehr gefragt. Im Gegenteil. Nach den Banken schreit nun auch die Autobranche nach staatlichen Geldern.

Ganz vorne in der Reihe der Bittsteller: die Adam Opel GmbH. Das deutsche Traditionsunternehmen, das lange Zeit vor allem unter seinem miserablen Ruf zu leiden hatte, bangt um seine Existenz. 25 000 Arbeitsplätze sind in Gefahr.

Die Bundesregierung ist hin und her gerissen. Einerseits scheint es kaum vorstellbar, ein Unternehmen wie Opel einfach an die Wand fahren zu lassen. Andererseits will man in Berlin auch keinen Präzedenzfall für andere Konzerne schaffen, denen die Krise ebenfalls zu schaffen macht.

[...]

Kasten 6: GFT Focus online Money, 2010: http://www.focus.de/finanzen/boerse/finanzkrise/tid-12577/autoindustrie-warum-sind-staatliche-hilfen-gefaehrlich_aid_349133.html

Das Thema der staatlichen Rettung von Großkonzernen hat sich seit der Finanzkrise von 2008 generell zu einer heißen Debatte entwickelt. Solange die Unternehmen Gewinne erzielen setzen Konzerne – gestützt durch ihre Marktmacht auf den „freien Markt", was vor allem in der Finanzwirtschaft zu beobachten ist.

Zeigen sich allerdings große Verluste, die oftmals durch Fehler im Management verursacht wurden, so ist sich kaum ein angeschlagenes Unternehmen zu schade, Hilfe vom Staat und damit vom Steuerzahler entgegenzunehmen, die kleineren Unternehmen verwehrt bliebe. Daher sehen viele Bürger die Rettung von Konzernen mit Steuergeldern mehr als kritisch.

(Foucs Online Money, 2008)

Obwohl eine staatliche Rettung kurzfristig Arbeitsplätze erhalten kann, steht sie eigentlich gegen die Prinzipien der Marktwirtschaft. Das Eingreifen des Staates kann außerdem keineswegs ein langfristiges Fortbestehen garantieren. Viele Ökonomen positionieren sich daher für ein „mehr Markt und weniger Staat". Sie sehen die Rolle des Staates darin, bessere Rahmenbedingungen für Hersteller und Konsumenten zu schaffen. So könnte beispielsweise eine Senkung der Mehrwertsteuer die Kaufkraft der Konsument stärken.

(Foucs Online Money, 2008), (Rammer, et al., 2005, p. Arbeitsblatt 11)

6   Zusammenfassung und Fazit

Wir haben gesehen, dass die Entstehung von Großunternehmen die freie Marktwirtschaft seit ihren Anfängen begleitet. Die Entstehung großer Konzerne ist daher nichts Ungewöhnliches. Große Konzerne besitzen aufgrund ihres Vorteils in der Marktwirtschaft sowie ihrer Bedeutung in Gesellschaft und Staat bzw. Politik eine gewisse Machtposition. Die Macht kann durchaus so weit gehen, dass auch das Leben der Menschen beeinflusst wird. Bei der Ausübung der Macht können unter Umständen auch illegale Mittel zum Einsatz kommen. Gegen die Macht von Konzernen zeigt sich häufig ein gewisser Widerstand seitens des Staates und der Bevölkerung, der bei ausreichend guter Organisation auch tatsächlich sehr erfolgreich sein kann. Obwohl das Wort Konzern bei den meisten Menschen eher negative Assoziationen hervorruft, haben Konzerne auch positive Seiten wie die Investition in Forschung und Innovation. Konzerne übernehmen wichtige Aufgabenbereiche und sind in einer entwickelten Zivilisation mit einem gewissen Lebensstandard auch nicht wegzudenken. Durch die Wirtschaftskrise von 2008 kamen viele Großunternehmen in finanzielle Schwierigkeiten, wodurch die staatliche Hilfe verstärkt zur Diskussion kam.

Konzerne haben also wie die meisten Dinge positive und negative Seiten.

7   Literaturverzeichnis

Bathelt, H. & Glückler, J., 2012. *Wirtschaftsgeographie, Kapitel 11: Geographie des Unternehmens*. 3. Auflage Hrsg. Stuttgart: Ulmer.

Focus Online, 2009. *550 Jahre Jakob Fugger; Geschäfte mit Gott und der Welt.* [Online]
Available   at: http://www.focus.de/wissen/mensch/geschichte/biografien/tid-13576/550-jahre-jakob-fugger-geschaefte-mit-gott-und-der-welt_aid_377512.html
[Zugriff am 05. 06. 2014].

Foucs Online Money, 2008. *Darf man Opel sterben lassen?.* [Online]
Available at: http://www.focus.de/finanzen/boerse/finanzkrise/tid-12577/autoindustrie-darf-man-opel-sterben-lassen_aid_349091.html
[Zugriff am 10. 06. 2014].

Institut der deutschen Wirtschaft Köln, 2010. *Multinationale Unternehmen und nationalstaatliche   Souveränität.*   [Online]
Available at: http://www.iwkoeln.de/de/infodienste/iw-dossiers/beitrag/multinationale-unternehmen-und-nationalstaatliche-souveraenitaet-20219
[Zugriff am 05. 06. 2014].

Rammer, C., Waschulin, G. & Zeilinger, R., 2005. Die Macht der Konerne; Wie die größten Unternehmen der Welt Wirtschaft und Gesellschaft bestimmen. *Materialien zu Gesellschaft, Wirtschaft und Umwelt im Unterricht*, Juli, Issue 1/05.

Sommer,   S.,   2012.   *Manager   Magazin   Online.*   [Online]
Available at: http://www.manager-magazin.de/unternehmen/karriere/a-853213.html
[Zugriff am 06 05 2014].